BEI GRIN MACHT SICH IHR WISSEN BEZAHLT

- Wir veröffentlichen Ihre Hausarbeit, Bachelor- und Masterarbeit

- Ihr eigenes eBook und Buch - weltweit in allen wichtigen Shops

- Verdienen Sie an jedem Verkauf

Jetzt bei www.GRIN.com hochladen und kostenlos publizieren

Christian Steffin

Niederschlag und Abfluss im Amazonasgebiet

GRIN Verlag

Bibliografische Information der Deutschen Nationalbibliothek:

Die Deutsche Bibliothek verzeichnet diese Publikation in der Deutschen National-
bibliografie; detaillierte bibliografische Daten sind im Internet über http://dnb.d-
nb.de/ abrufbar.

Impressum:

Copyright © 2004 GRIN Verlag GmbH
Druck und Bindung: Books on Demand GmbH, Norderstedt Germany
ISBN: 978-3-640-73028-5

Dieses Buch bei GRIN:

http://www.grin.com/de/e-book/159553/niederschlag-und-abfluss-im-amazonasge-
biet

Universität zu Köln

Geographisches Institut

Oberseminar: Regionale Hydrologie

Sommersemester 2004

Variabilität von Niederschlag und Abfluss im Amazonasgebiet

vorgelegt von:

Christian Steffin

Inhaltsverzeichnis

Seite

Abbildungsverzeichnis

Abbildungsverzeichnis

1   Einleitung

Diese Arbeit setzt sich mit den klimatischen und hydrologischen Aspekten des Großraums Amazonien auseinander. Auf der Basis der geologischen und geomorphologischen Entstehung wird das rezente typische Klima mit dessen Einflussfaktoren dargestellt. Insbesondere die Variabilität des Niederschlags sowie die Auswirkungen werden diskutiert. Mit den Angaben über Einzugsgebiet und Niederschlag können im Folgenden die einzelnen hydrologischen Aspekte erörtert werden. Das spezielle Beispiel der Pegelschwankungen des Rio Negro in Manaus stellt den monatlichen Niederschlag dem Abflussgang gegenüber und versucht, diese in Beziehung zu setzen und die Variabilität beider Parameter zu bestimmen.

2   Geographisch-topographische Übersicht

Zwischen den Guayana Ländern im Norden und dem Brasilianischen Bergland im Süden befindet sich in Südamerika das größte tropische Tiefland mit einem gewaltigen Flusssystem. Amazonien ist mit seinem Amazonasentwässerungsnetz von ca. 7,9 Mio. km² das mit Abstand größte der Erde. Im südlichen peruanischen Andengebirge, nur 100 km östlich des Pazifiks, befindet sich die Quelle des Amazonas in einer Höhe von 5300 Metern am Berg Nevado de Mismi. Von dort aus windet sich der mit 7025 km längste Strom der Erde gen Norden durch ein Andenlängstal und bildet das Apurimac-Ucayalli Becken, durchbricht als kräftiger Strom die östlichsten Andenketten in wilden Schluchten, mündet in den Rio Marañon und fließt weiter ostwärts. Wenige Kilometer später verbreitert sich der Strom mit den Wässern des Rio Napo, überquert die Staatsgrenze Brasiliens, und ändert seinen Namen um in den Rio Solimões. Erst ab dem Zusammenfluss von Rio Negro und Rio Solimões bei Manaus erhält der Strom den Namen „Amazonas" und mündet bei Belém in einem großen Delta in den Atlantischen Ozean. (vgl. Abb. 1)

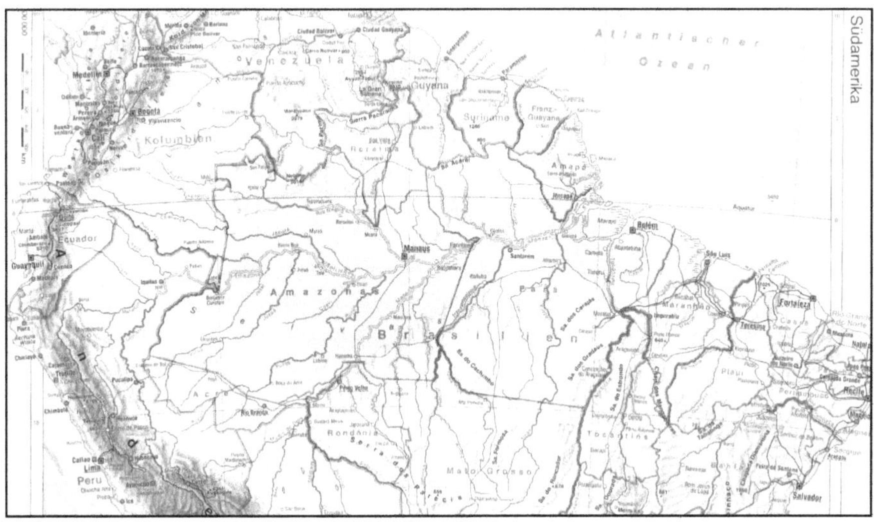

Abb. 1: Topographische Karte Amazoniens
    (aus: DIERKE Weltatlas 1996[4]: 204)

Um die Dimensionen dieses Areals zu verdeutlichen, sollen zwei Vergleiche helfen, das Gebiet mit seinen gewaltigen Ausmaßen kennen zu lernen und dessen Komplexität besser einordnen zu können. Abb. 2a vergleicht die bei den meisten Lesern wohl bekannte Staatsfläche der USA, mit der des Amazonaseinzugsgebietes. Es ist deutlich zu erkennen, dass das Tiefland nur unwesentlich kleiner ist. Auch der Vergleich zwischen Rhein und Amazonas in Abb. 2b verdeutlicht die unterschiedliche Länge dieser beiden Gewässer.

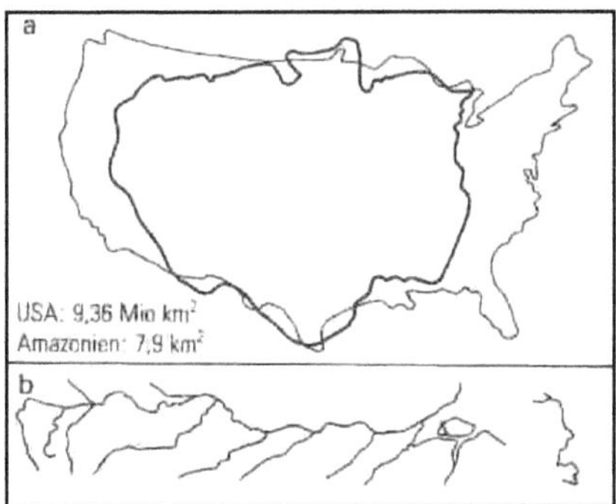

Abb. 2: Größenvergleich, jeweils im gleichen Maßstab

     a: Das Amazonaseinzugsgebiet und die Grenzen der USA

     b: Der Rio Amazonas und der Rhein

     (aus: GRABERT 1991: 5)

Um das große Areal Amazoniens nun näher zu betrachten, werden unterschiedliche Einteilungen vorgenommen.

2.1   Einteilungen Amazoniens

Nimmt man die Staatsfläche als Basis der Einteilung, so besitzt Brasilien mit 3,6 Mio. km² knapp die Hälfte des Einzugsgebietes. Die weiteren 4,3 Mio. km² werden von den Nachbarstaaten Bolivien, Peru, Ecuador, Kolumbien, Venezuela und den Guayana-Staaten beansprucht. Eine weitere Einteilung ergibt sich aus der diversen Vegetation. 6,8 Mio. km² sind von Regenwald („Hyläa") bedeckt, 1,1 Mio. km² Fläche trägt eine Savannen-Vegetation.

Um die Themen Niederschlag und Abfluss näher in Augenschein zu nehmen, bietet sich eine Gliederung Amazoniens in vier größere geographische Regionen an, definiert nach Höhenlage, Klima und Vegetation. (vgl. Abb. 3)

A.   Die obere Amazonas-Niederung

B.   Die zentrale Amazonas-Niederung, geprägt durch die Ablagerungen der Belterra-Formation

C.   Das untere Amazonas-Gebiet, begrenzt durch die flachen Anstiege der kristallinen Schilde im Norden sowie im Süden

D.   Das Amazonas Mündungsgebiet von Obidos im Westen bis zum Mündungsästuar des Amazonas im Osten

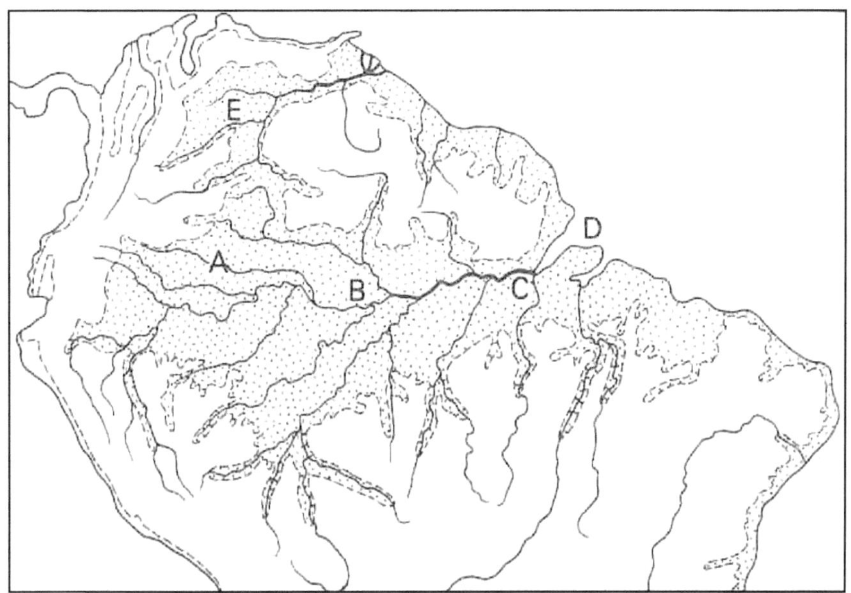

Abb. 3: Gliederung des Amazonas-Tieflandes, dargestellt an der 200-m-Isohypse
(aus: GRABERT 1991: 112)

3 Geologische und geomorphologische Entstehung Amazoniens

Um das Gebiet Amazoniens mit seinen spezifischen klimatischen Bedingungen und dem daraus mitunter resultierenden Gewässernetz in seiner heutigen Konstellation zu verstehen, wird im Folgenden kurz auf die geologische und geomorphologische Geschichte eingegangen, die zum rezenten Relief geführt hat.

Nördlich und südlich des Amazonas befinden sich die alten archaischen aus Graniten bestehenden Schilde, die streckenweise von Sandsteinen überlagert sind. Zwischen diesen alten Schilden erstreckt sich die Amazonassenke, die im Paläozoikum vom Meer bedeckt war und nach Westen, zum Pazifik hin, eine offene riesige Meeresbucht darstellte. Diese Konstellation entstand deshalb, da zum einen Afrika und Südamerika noch zusammenhingen und den Kontinent Gondwana bildeten, und zum anderen das Andenorogen noch nicht ausgebildet war. Die Meeresbedeckung im Paläozoikum hinterließ marine Sedimente von bis zu 3000 m Mächtigkeit. Im Karbon hingegen, also vor ca. 320 Mio. Jahren, kam es zur Regression des Meeres, so dass die Amazonasniederung im Mesozoikum zu Festland wurde. Der „Ur-Amazonas" muss demnach entgegengesetzt seiner heutigen Stromrichtung geflossen sein. (SIOLI 1983:15) Zwischen Trias und Jura drifteten Afrika und Südamerika auseinander, so dass der Südatlantik entstehen konnte und somit die Möglichkeit für die Ausrichtung der Entwässerung auf diese neue Erosionsbasis. Zeitgleich bildete sich der Amazonasgraben aus. Erst später, im Tertiär, begann die Andenorogenese. Die junge Gebirgskette der Anden verhinderte daraufhin die Drainage Amazoniens zum Pazifik, so dass sich die Wassermassen stauten und die Amazonassenke in eine wässrige Landschaft umgewandelt wurde. Es kam zu einer „Umorientierung" des Gewässernetzes von West nach Ost. Aus dieser Zeit stammen die ca. 300 m dicken Auflagen der Süßwassersedimente, auch „Barreiras" oder „Alter do Chão" genannt, welche sich in der „Belterra-Formation", einem großen Binnensee, gesammelt haben. Im späten Pleistozän, als der global tiefliegende Meeresspiegel (bis zu 100m unter dem heutigen Meeresspiegel) die Erosionskraft der Flüsse erhöhte, konnten Flüsse, die bereits in den Atlantik entwässerten, durch rückschreitende Erosion den Belterra See anzapfen und somit flossen die Wassermassen nach Osten ab, und es bildete sich das Flusssystem des heutigen Amazonas. So hat sich das heutige Gewässernetz in seinen Grundzügen erst in der Tertiärzeit herausgebildet und dann in der Quartärzeit gefestigt. Weitere Eiszeiten im Pleistozän vertieften die Erosionsrinne, so dass tiefe Kerbtäler entstanden. Echolotsondierungen im Rio Negro bei Manaus haben Tiefen von über 100 m unter dem Flusswasserspiegel ergeben, welches 80 m unter dem heutigen Meeresspiegel entspricht. Dies zeigt, dass die Wisconsin-Eiszeit (in Europa Weichsel- oder Würmeiszeit) über einen ausreichenden Zeitraum langte, um ein tiefes, ausgeglichenes Tal im Amazonas Hauptstrom zu bilden. Die zeitweiligen Interglazialzeiten schütteten die Täler teilweise wieder auf. Es bildeten sich hinsichtlich des weichen Untergrundes äußerst breite Täler, die wegen des Wechsels von Glazial- zu Interglazialzeiten von Terrassenabfolgen gekennzeichnet sind. Abbildung 4 soll grob schematisch das heutige Flusstal des Amazonas mit seinen Terrassen verdeutlichen.

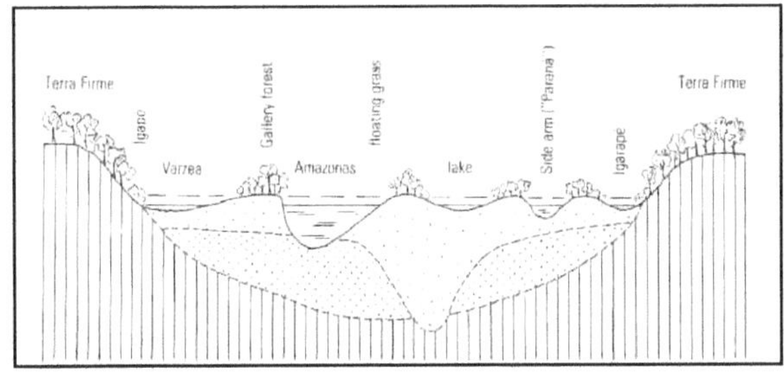

Abb. 4: Schematischer Schnitt durch das Flusstal des unteren Amazonas (überhöht)

(aus: GRABERT 1991: 115)

3.1 Rezente Reliefenergie

Die Abbildung 3 lässt mit der Eintragung der 200 m Isohypse ersehen, welch geringe Reliefenergie das Amazonas-Tiefland heute besitzt. Die unterschiedlichen geologischen und klimatischen Phasen der jüngeren Erdgeschichte haben das Gewässernetz sowie das Einzugsgebiet in der Form reliefiert, wie man es heute antrifft.

Das Längsgefälle des Stroms ist extrem gering, der größte Höhenunterschied ist bereits nach einer Lauflänge von 800 km erreicht. Die weiteren Bereiche flussabwärts in der Amazonas-Niederung liegen unterhalb der 200-m-Isohypse. Der Niedrigwasserpegel bei Manaus, rund 1200 km landeinwärts, hat eine Meereshöhe von nur 14 m über NN und auch Pucallpa im Westen, ca. 400 km vom Pazifik entfernt, hat erst eine Höhe von 170 m über NN aufzuweisen. Anders ausgedrückt: Auf den 3000 km zwischen Ipuitos im Westen, 106m über NN gelegen, und Belém an der Mündung des Amazonas hat der Amazonas mit 0,03m /km nur ein minimales Gefälle.

4 Klimatische Verhältnisse

4.1 Regionalklima

Dieses flache, nach Osten offene Tiefland mit kaum vorhandenen orographischen Hindernissen, ermöglicht den vorherrschenden Winden des Südost Passats, weit ins Innere des Landes vorzustoßen. Somit bestimmen sie zu einem Großteil das Wettergeschehen.

Die thermischen und hygrischen Verhältnisse am Amazonas entsprechen dem typischen Tageszeitenklima tropischer Standorte. Ganz Amazonien hat daher ganzjährig eine gleichbleibende Wärme von 24-26°C. Der Jahresgang des Klimas wird nur durch die unterschiedliche Niederschlagstätigkeit erzeugt, d.h., es kommt zu jahreszeitlichen Unterschieden von lediglich 1°C, um dass die Trockenzeit wärmer ist als die Regenzeit. Die wärmsten Monate sind August, September, Oktober und November, die kühlsten Monate sind Januar, Februar, März und April. Da es sich um ein Tageszeitenklima handelt, sind die Tagesschwankungen wesentlich größer als die Jahresschwankungen. Die Maxima liegen unter 40°C, die Minima selten unter 20°C. Kälteeinbrüche mit Temperaturen unter 20°C ergeben sich nur dann, wenn sich südliche polare Kaltluftmassen nach Norden begeben und das Wetter im Amazonasgebiet bestimmen. Diese Witterung tritt aber äußerst selten auf, und dauert höchstens 3 Tage an. (JUNK 1992: 30) Die Regenzeit ist in den Wintermonaten, wenn entweder der Nordost- oder der Südostpassat die Wolken mit der aus dem Atlantik entnommenen Feuchtigkeit über ganz Amazonien gegen das Gebirge der Anden schiebt, wodurch es besonders dort zu starken orographischen Niederschlägen kommt. Die Lage der Innertropischen Konvergenzzone, welche von Jahr zu Jahr unterschiedliche geographische Breiten erreicht, bestimmt die vorherrschende Windrichtung. Da aber sowohl Nordost- wie Südostpassat vom Atlantik her wehen, bringen sie gewaltige Feuchtigkeitsmengen ins Tiefland hinein. Gemäß des hohen Niederschlags sowie der hohen Temperaturen und der sich daraus ergebenden hohen Evapotranspiration, ist in der gesamten Amazonasniederung die relative Luftfeuchtigkeit sehr hoch und erreicht fast überall und jede Nacht den Taupunkt.

In den Sommermonaten kann sich dagegen eine Hochdruckbrücke zwischen dem Hochdruckzentrum des Atlantiks und des Pazifiks bilden, welche sich dann auch bis in die südlichen Gefilde des Amazonas-Tieflandes erstreckt. Folglich treten absinkende Luftbewegungen auf, woraus sich eine geringere Niederschlagstätigkeit ergibt. Abbildung 5 dokumentiert deutlich den periodischen Verlauf der Niederschlagstätigkeit. In der Trockenzeit kann es daher sogar vorkommen, dass die Evaporation die Niederschlagmenge übersteigt. Fast identisch gestaltet sich der Verlauf der Niederschlagskurve und der Luftfeuchtigkeitskurve. Die Evaporationswerte nehmen während der Trockenzeit um 100% zu, vermögen es aber nicht, die Luftfeuchtigkeit entscheidend zu erhöhen.

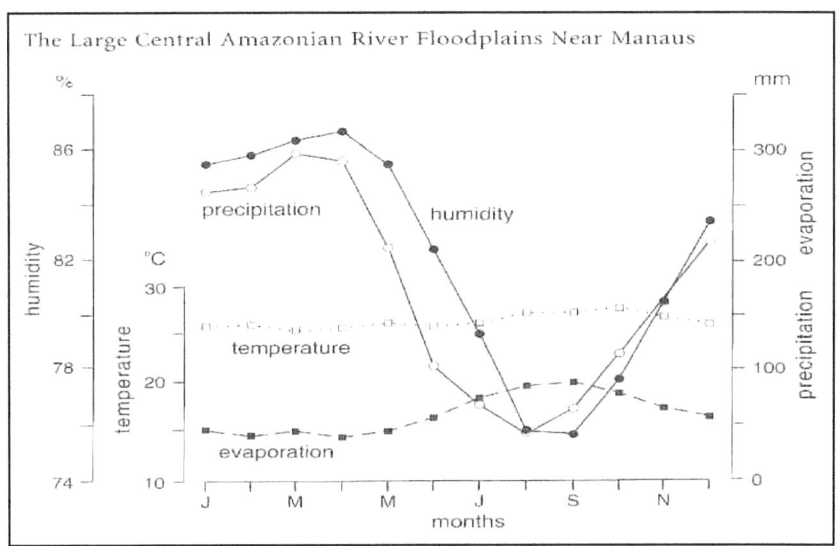

Abb. 5: Diagramm des mittleren Niederschlags, der Evaporation, der relativen Feuchte und der Temperatur in Manaus (aus: JUNK 1992: 31)

4.2 Niederschlag

Die diverse Luftdruckverteilung der Jahreszeiten sorgt für die weder räumliche noch zeitliche gleichmäßige Regenmengenverteilung in Amazonien.

Um den Südteil des Amazonasästuars befindet sich eine Zone mit größerem Regenreichtum mit bis zu 2600 mm Niederschlag im Jahr. Die höchsten Niederschlagsmengen findet man jedoch am Andenhang, wo eine bis zu 3600 mm hohe Wassersäule im Jahr erreicht werden kann. Die Niederschläge des zentralen Niederungsgebietes Amazoniens belaufen sich auf mehr als 2000 mm im Jahr. Ein weiteres Niederschlagsmaximum findet man an der Küste der Guayana-Länder, welches durch Steigungsregen am dortigen Bergland entsteht. Eine Trockenbrücke von weniger als 1500 mm im Jahr existiert zwischen dem halbariden Nordosten Brasiliens und der Gran Sabana von Venezuela. (vgl. Abb. 6)

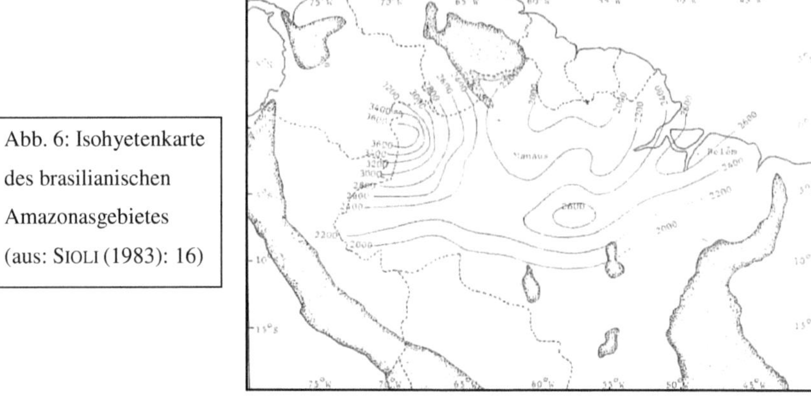

Abb. 6: Isohyetenkarte des brasilianischen Amazonasgebietes (aus: SIOLI (1983): 16)

Fast überall sind in Amazonien im Jahresverlauf mehr oder weniger große Unterschiede zwischen Regenzeit und Trockenzeit ausgeprägt, doch gibt es kaum einen Monat, indem gar keine Niederschläge fallen. Einzige Ausnahme bildet die Gegend von Santarém, wo der Rio Tapajós, aus Süden kommend, in den Amazonas mündet. Dort kann von August bis September eine mehrwöchige Trockenheit aufkommen. In Nordwest-Amazonien sind die Unterschiede zwischen der regenreicheren und der regenärmeren Jahreszeit hingegen nur gering. (s. Abb. 7)

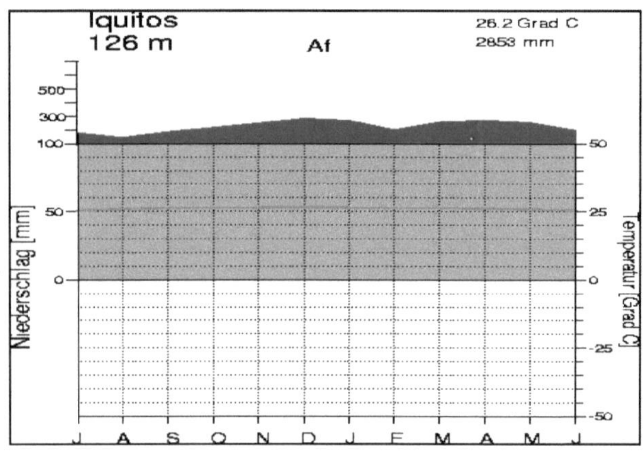

Abb. 7: Klimadiagramm von Iquitos

(aus: http://www.klimadiagramme.de/Samerika/iquitos.html)

Genau genommen wandern die Jahreszeiten, der ITC folgend, im Süden beginnend über mehrere Monate nach Norden und Nordwesten und umgekehrt zurück. Allerdings wirken sich die daraus entstehenden Unterschiede in der Verteilung der Regen nicht merklich ausgleichend auf die Wasserführung des Amazonas aus. Grund dafür ist, dass das bei weitem größte Einzugsgebiet des Hauptflusses im Bereich seiner südlichen und südwestlichen Nebenflüsse liegt. Dies wird in Abb. 3 ersichtlich, wenn man den geringeren Abstand der nördlichen Wasserscheide zum Amazonas, mit dem Abstand der südlichen Wasserscheide zu ihm vergleicht und somit eine Zweigliederung des Einzugsgebietes feststellt.

Da die Niederschlagereignisse in tropischen Regionen überwiegend konvektiver Natur sind und als solche meist kleinräumig, in Form von Zellen („clusters") oder Bändern („squall lines") angeordnet sind, ergeben sich hauptsächlich kleinräumige Unterschiede in der Niederschlagsverteilung. Großräumige Niederschläge bringen die als „easterly waves" bekannten Strömungsphänomene, die auf wellenförmige Störungen in der mittleren und hohen Atmosphäre beruhen. Aus diesen zwei Formen der Niederschlagsereignisse ergibt sich also eine starke Inhomogenität der Niederschläge in Raum und Zeit. (ROLLENBECK 2002: 34)

Eine weitere Niederschlagsvariabilität kommt durch den starken Einfluss der El Niño Southern Oscillation (ENSO) Ereignisse zu Stande, die die jährlichen Niederschlagssummen merklich verringern. Dabei bewegen sich die absteigenden Zweige der Walker Zellen in die Amazonas Region, und der entstehende hohe Druck verhindert konvektive Aktivitäten in der Troposphäre. (DE ANGELIS, C.F. 2003: 385) (vgl. DIERCKE Weltatlas S. 208, Karte 4)

Außerdem bedingt ein in El Niño-Jahren schwaches südostpazifisches Hoch eine kräftige, ausdauernde Antizyklone über dem Südatlantik, die eine Südverlagerung der Innertropischen Konvergenzzone im März/April verursacht, und die damit verbundenen Sommerregen über dem Nordosten nicht ermöglicht. (BALDENHOFER, K. 2003: o.A) Der geringe Niederschlag in El Niño-Jahren spiegelt sich auch im Abfluss des Rio Negro wieder. (vgl. Abb. 15) Starke ENSO Ereignisse waren in den Jahren 1965/1966, 1982/1983 sowie 1991/1992 zu vermerken und genau diese Jahre waren auch geprägt von einem unterdurchschnittlichen Abfluss. Dagegen fallen im Süden Brasiliens in El Nino-Jahren überdurchschnittliche Niederschläge.

Die Regengüsse fallen stets als wolkenbruchartige Gewittergüsse von meist nur 0,5 - 2 Stunden Dauer. Insgesamt erhält das Amazonas-Tiefland im Jahr 11.87 x 10^{12} m³ Niederschlagswasser. Davon gelangen 6.43 x 10^{12} m³ durch die Evapotranspiration zurück in die Atmosphäre, und 5.44 x 10^{12} m³ als Abfluss in den Atlantischen Ozean. (SALATI, E u. A.

AUGUSTO DOS SANTOS 1998: 11) Das bedeutet, dass der Niederschlag zu ca. 46% aus verdunstetem Wasser des Atlantiks stammt und zu ca. 54% aus der Evaporation der Oberfläche Amazoniens. Der Grund für diese hohe Evaporation ist die geschlossene Decke der Baumkronen des dichten Laubwaldes. Über 50% des Regenwassers erreicht erst gar nicht den Boden, sondern verdunstet sogleich von der Vielzahl an Blättern und gelang somit sofort wieder in die Atmosphäre, um hohe Cumuluswolken zu bilden und sich an anderer Stelle wieder zu entladen. Das folgende Schema soll helfen, die Regenbildung Amazoniens zu erklären, die von den zwei Wasserdampfquellen, dem Atlantik und dem Wald, ausgeht.

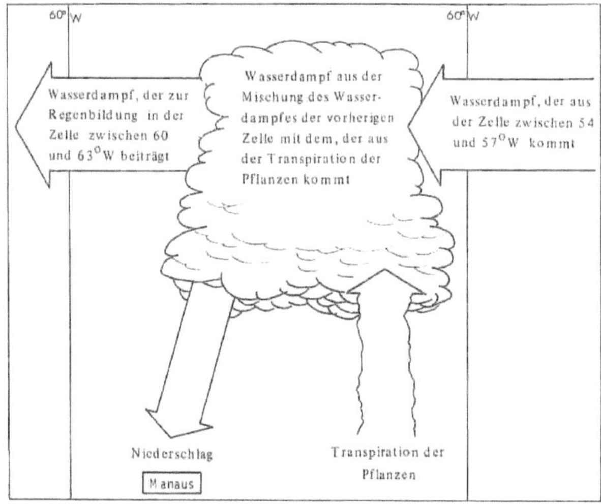

Abb. 8: Allgemeines Schema der Regenbildung in Manaus
    (Aus: SIOLI 1983: 2)

Es ist erkennbar, dass die positive Rückkopplung von Evapotranspiration und Niederschlagseingabe aus der Atmosphäre in tropischen Gebieten sehr wirksam ist. Der sogenannte kleine Wasserkreislauf bewirkt ein vielfaches Recycling der Wassermengen, die aus dem Bestand verdunsten. Die großräumige atmosphärische Zirkulation dient zwar als primäre Quelle des Wasserdampfes, doch lassen sich die hohen Niederschlagsmengen nur durch diesen, quasi kurzgeschlossenen Kreislauf erklären, was Isotopenmessungen zur Bestimmung der Herkunft der Niederschlagsanteile belegen. (SALATI 1987: 278)

Somit werden noch größere Unterschiede zwischen den Niederschlagsmengen der Regen- und Trockenzeit des Jahres gemildert und längere Trockenzeiten vermieden. Dennoch ist eine Zunahme der Regenmengen nach Westen-Nordwesten Amazoniens durch die allgemein vorherrschenden östlichen Passatwinden festzustellen, was mit der hohen Rezyklierungsrate des Regenwassers infolge des hohen Verdunstungsvermögens des Waldes erklärt werden kann.

5   Hydrologie

5.1   Gewässernetz

Auch wenn nur 50 % von ca. 2500 mm Niederschlag im Jahr den Erdboden erreichen, reicht dies aus, um ein sehr dichtes Gewässernetz auszubilden. Sich vielfach verzweigende Flüsse und Bäche sorgen für eine Gewässerdichte bei Manaus von ca. 2 km / km². (JUNK 1993: 680) Das dichte Gewässernetz spiegelt sich auch im flächenhaften Auftreten hydromorpher Böden wieder. Sie treten zum überwiegenden Teil entlang von Bächen und kleinen Flüssen auf und können in der näheren Umgebung von Manaus einen Wert von 40 % aufweisen.
Insgesamt erstreckt sich das Überschwemmungsgebiet des Amazonas und das seiner Hauptnebenflüssen auf über 300.000 km². (JUNK 1993: 685) 6 % des Tieflandes ist dauernd den Überschwemmungen der mittleren und großen Flüsse ausgesetzt. Die Flussbetten beanspruchen eine Fläche von 17 %, permanent gefüllte Seen eine Fläche von 11 %, und der Rest ist nicht dauerhaft überflutetes Land. Abbildung 9 zeigt die Größe des Gewässernetzes und benennt die 14 größten Flüsse Amazoniens.

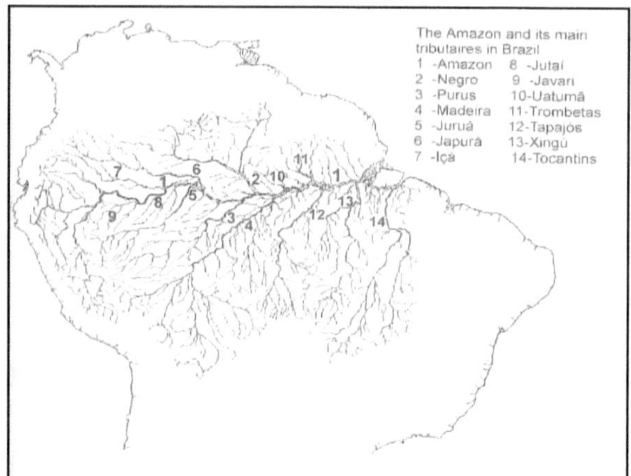

Abb. 9: Der Amazonas mit seinen Hauptnebenflüssen (aus: ARAUJO LIMA et al. 1998: 65)

Die längsten Nebenflüssen des Amazonas sind der Rio Madeira-Guaporé (3240 km), der Tocantins (2640 km), der Rio Tapajóz (2000 km), der Rio Xingú (1980 km) und der Rio Negro (1550 km). Im Vergleich dazu erscheint die Länge des Rheins mit 1320 Kilometern, als einer der bedeutendsten Ströme Europas eher unerheblich.

Eine weit verbreitete Einteilung der Nebenflüsse geschieht nach den Flusswassertypen in eutrophe Weißwasser (Agua Branca), oligotrophe Schwarzwasser (Agua prêta) und dystrophe Klarwasser (Agua clara). Weißwasserflüsse haben ihre Quellen im Andengebirge und nehmen auf ihrem Weg viele Schwebstoffe auf. Die schwebstoffarmen Schwarzwasserflüsse treten verstärkt im Norden Amazoniens auf, wo sie aus Gebieten mit Bleicherden und Podsolböden färbende Huminstoffe mitbringen Die Klarwasserflüsse strömen dem Amazonas aus den kristallinen Bereichen des Südens zu.

5.2   Abflussgang

Die Wasserführung des Amazonas mit seinen unzähligen Nebenflüssen ist starken Schwankungen unterworfen. Etliche Faktoren, wie die bereits besprochenen klimatischen Aspekte, aber auch viele regionale sowie örtliche Gegebenheiten wirken auf den gegenwärtigen Abflussgang mit ein. Zu nennen wäre hierbei die Vegetation der Umgebung (Camp Cerrado oder Regenwald), die Vegetation selbst (schwimmende Wiesen, umgestürzte Bäume), das Relief in Ufernähe und im Fluss selbst (Felsenstrecken), die Sedimentfracht (wandernde Sandbänke) sowie Veränderungen im Mäander – und im Seitenarmsystem. Besonders infolge der Schwankungen im Niederschlagsgeschehen kommt es zu starken Veränderungen in der Abflussspende der Bäche, Flüsse und Ströme. Bäche und kleinere Flüsse reagieren auf lokale Regenfälle und zeigen ein polymodales Flutbild, da im Jahresverlauf viele kurzandauernde Hochwasser auftreten, deren Häufigkeit in der Trockenzeit abnimmt. Große Ströme wie der Amazonas uns seine Nebenflüsse integrieren das Niederschlagsgeschehen des gesamten Einzugsbereichs und zeigen ein monomodales Flutgeschehen mit fast sinoidalem Charakter. D.h. eine ausgedehnte Überschwemmungsperiode wechselt mit einer ausgedehnten Trockenperiode ab. (JUNK 1989: 181)

Ob diese Überschwemmungsperiode nur von kurzer Dauer ist oder ob es zu langandauernden Hochwasserständen kommt, ist von Jahr zu Jahr verschieden und nicht vorhersagbar. (GRABERT 1991: 179)

Heute findet trotz der enormen Wassermassen im Tiefland-Flussbett kaum noch eine Tiefenerosion statt, da das Gefälle sowie die Bodenfracht zu gering sind. Der gegenwärtige Abflussgang kann aber bei dem diffizilen Gleichgewicht aus Erosion und Wasserführung durch anthropogene Eingriffe, insbesondere durch weitflächige Rodungen und Entwaldungen, aber auch durch das Zurückhalten in bestehenden und geplanten Talsperren, erheblich verändert werden. Derzeit gibt es 5 große und 3 kleine Stauseen in Amazonien. 75 weitere sind in Planung, aber der Stand der Forschung reicht bei weitem noch nicht aus, um Auswirkungen eines solch großen Eingriffs in den Gewässerhaushalt abschätzen zu können. (ARAUJO LIMA et al.1998: 66) Bei Fehlen des schützenden Waldes, läuft das Wasser auf dem Boden rasch ab und kann bei dem geringen Gefälle und dem geringen Relief zu großen, flächenhaften Überschwemmungen führen.

Nachfolgend sollen verschiedene Indikatoren die Schwankungen des Abflusses verdeutlichen.

5.3   Wasserführung

Zieht man aus den Hochwässern und Niedrigwässern des Amazonas den Mittelwert, so erhält man eine auf das ganze Jahr umgerechnete Wasserführung in Höhe der Mündung von durchschnittlich ca. 210.000 m³ / sec. (ARAUJO LIMA et al.1998: 57) Auch der Rio Negro, der größte Nebenfluss des Amazonas, kann ein Abflussvolumen von 5.000 – 50.000 m³ in der

Sekunde aufweisen. Der Rhein hingegen hat bei Emmerich nur eine durchschnittliche Wasserführung von ca. 2450 m³ / sec. (GRABERT 1991: 6)

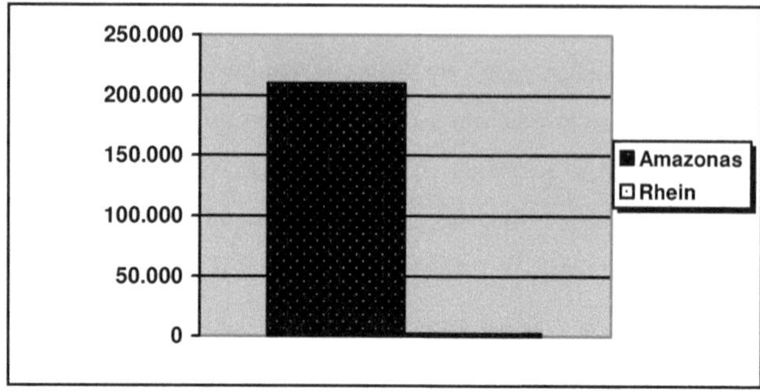

Abb. 10: Größenvergleich der Wasserführung von Amazonas und Rhein in m³ / sek. unweit der Mündung

Stellt man die durchschnittliche Wasserführung des Amazonas der Gesamtwassermenge aller Flüsse und Ströme der Erde, die ihr Wasser den Ozeanen zufließen lassen gegenüber, so ergibt sich daraus, dass allein der Amazonas 20-25 %igen Anteil an der Gesamtwassermenge hat. (SIOLI 1983: 20)   Das Wasservolumen drängt mit maximal 310.000m³/ sec, minimal 100.000 m³ / sec das ozeanische Wasser zurück. Dabei versüßt es das Meerwasser noch in einer Entfernung von 400 km.

5.4   Allgemeine Wasserstandsschwankungen

Während der Hochwasserzeiten werden die Talungen oft weitflächig überflutet. Der Fluss führt Niedrigwasser von August bis Oktober, im März und April Hochwasser mit sehr verzögerten Abflussraten. Die Wasserstandsschwankungen im Jahresverlauf sind beträchtlich und betragen an der Einmündung des Rio Juruá bis zu 20 m, unterhalb von Manaus, im Mittel etwa 10 m, und stromabwärts bei Santarém noch ca. 6-7 m. Auf den letzten 850 km im Ästuar überwiegt dann der tägliche Tidenhub auf Grund des Gezeitenwechsels. Anbelangt des geringen Gefälles im Unterlauf und der Wassertiefe von ca. 100 m, sowie der aufstauenden Wassermassen bei Flut hinsichtlich des trichterförmigen Ästuars, ist der Gezeiteneinfluss noch 850 km landeinwärts spürbar. Wenn die in das Mündungsästuar eindringende Flut sich gegen die herausdrängenden Wassermassen aufstaut, entsteht eine bis zu 5 m hohe Welle, die mit erheblicher Geschwindigkeit flussaufwärts rast.

Diese Pegelschwankungen haben erheblichen Einfluss auf die Flussbreite, da die Talungen sehr weit und flach sind.

5.5 Flussbreite und Strömungsgeschwindigkeit

Bei Niedrigwasser hat der Strom im westlichen Iquitos eine Breite von ca. 2 km vorzuweisen. Bis zur Höhe von Manaus hat sich der Querschnitt auf eine Breite von 5-10 km erhöht. Weiter flussabwärts im Unterlauf werden sogar 20 km erreicht. Die Breite der Mündung in den Atlantik ist hinsichtlich der ständigen Neugründungen von Flussbetten von Jahr zu Jahr verschieden und darum kaum messbar. Sie wird auf ca. 250 km geschätzt. Einzige Ausnahme bildet die Verengung des Unterlaufes bei Obidos auf 1800 m Breite, da dort die nördlichen und südlichen kristallinen Schilde sehr nah gegenüber liegen.

Diese Verengung bei Obidos erhöht auch die Strömungsgeschwindigkeit auf 1,7 m/sec. Ansonsten beträgt die mittlere Strömungsgeschwindigkeit des Hauptstroms ca. 0,7 m/sec. Dies ist eine beachtliche Geschwindigkeit, da bei dem riesigen Querschnitt des Strombettes die Reibung der Wassermassen an der Bettwand relativ gering sind.

5.6 Hochwasserpegelstand im Überschwemmungstal

Bei Hochwasser weitet sich das Überschwemmungstal der zentralen Amazonasniederung auf fast 150 km Breite, teilweise mit seeartigen Ausweitungen aus. (vgl. Abb. 11) Diese Überflutungsflächen, auch „Várzea" genannt, und die begleitenden parallelen Nebenarme „Paraná" sind dadurch charakterisiert, dass sie periodischen Überflutungen unterworfen sind. Paranás sind aufgegebene Flussschlingen, die durch starkes Mäandrieren zustande kommen. Das hochwasserfreie feste Land wird als „Terra Firme" bezeichnet. Abbildung 4 führt die unterschiedlichen Teilräume, stark schematisiert, mit ihren Bezeichnungen nochmals auf. (GRABERT 1991: 113)

Das Überschwemmungstal dient als riesiges Rückhaltebecken und schützt weite Bereiche Amazoniens vor noch wesentlich höheren Wasserstandsamplituden. (O`REILLY STERNBERG, H. 1975: 22)

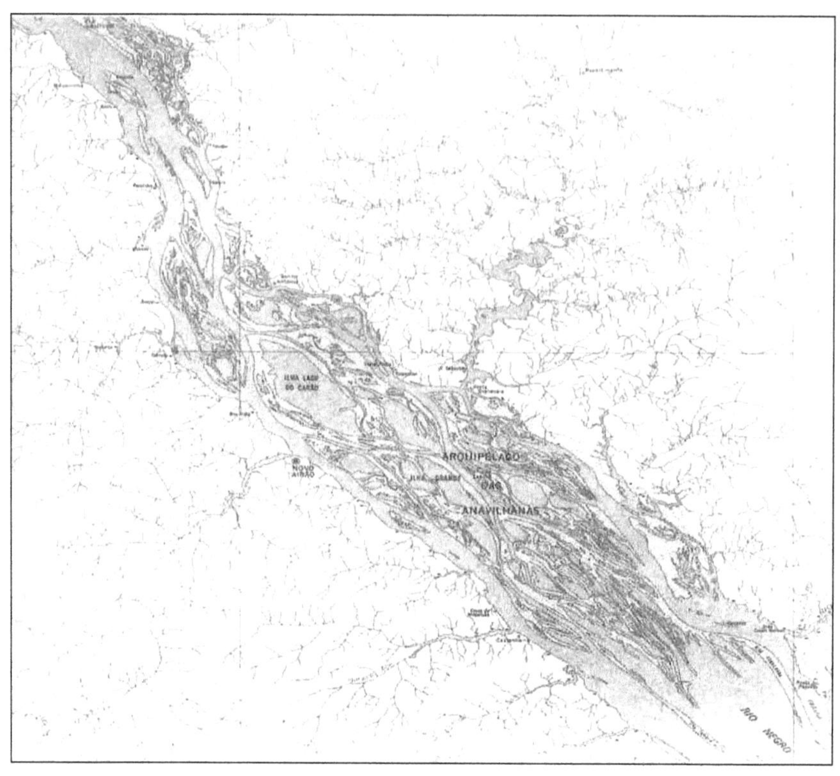

Abb. 11: Ein Labyrinth aus langgestreckten Inseln in der Sedimentationszone des Rio Negro (aus: PROJETO RADAM (1978) Ausschnitt aus Carta planimetrica Novo Airão, Folha SA-20-ZB, 1978)

Die trotz alledem noch großen Unregelmäßigkeiten im Wasserhaushalt der Überflutungsgebiete werden nicht nur auf die klimatischen Verhältnisse und örtlichen Gegebenheiten bezogen, sondern sind auch auf die Veränderungen in den Gefälleverhältnissen des Flusses zurückzuführen. Man nimmt an, dass tektonische Aktivitäten im Bereich des absinkenden Amazonasgrabens dafür verantwortlich sind. Diese Senkungstendenz des Amazonasgrabens sorgt für ein verzögertes Abfließen der jahreszeitlichen Hochwässer und zu einem vermehrt zu beobachtenden Absterben der Überflutungswaldareale, „Igapó" genannt. (GRABERT 1991: 92)

5.7   Pegelschwankungen am Beispiel von Manaus

In Manaus tritt das maximale Hochwasser mit einer Verspätung von 4 - 6 Wochen nach der maximalen Niederschlagsperiode in den Anden auf. Die größte Flutamplitude in Manaus beträgt 9,95 m, was aus Messungen zwischen 1902 und 1994 hervorgeht, wenn man das Hochwasserlevel von 27,68 m mit dem Niedrigwasserlevel von 17,73 m vergleicht. (JUNK 1992: 32) Der Durchfluss des Amazonas und Rio Negro bei Manaus wird bestimmt von den Niederschlägen und der Größe des Einzugsgebietes. Aufgrund der monomodalen Flutkurve ergibt sich eine Schwankung zwischen der Trocken- und der Regensaison, was Abb. 12 verdeutlicht.

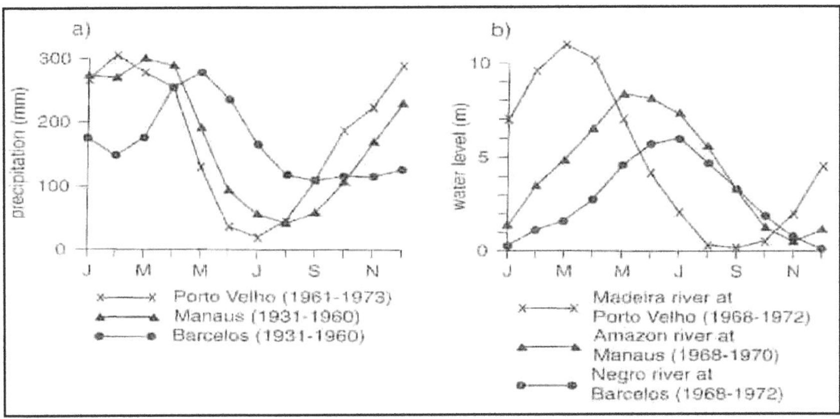

Abb. 12: Monatlicher Niederschlag (a) und Wasserstandsschwankungen (b) im Rio Madeira bei Porto Velho, im Amazonas bei Manaus und im Rio Negro bei Barcelos (aus: JUNK 1992: 32)

Zudem wird die Verspätung der Hochwasserwelle nach der maximalen Niederschlagsperiode deutlich. Je östlicher sich die Messstellen des Wasserpegels befinden, umso mehr Zeit vergeht, bis die Hochwasserwelle diesen Bereich passiert. In Porto Velho beträgt die Verzögerungszeit zwischen maximalem Niederschlag und maximalem Abfluss ca. 1 Monat, in Manaus sind es bereits 2 Monate und in Belém können es sogar 4 Monate sein. Man hat für die Mündung des Rio Negro bei Manaus zwischen den Jahren 1902 - 1994 für jeden einzelnen Monat eine Hochwasserhäufigkeit in Prozent feststellen können. Daraus wird ersichtlich, dass zu 55% die Hochwasserwelle in der zweiten Junihälfte auftritt und das Niedrigwasser zu 58% in der Zeit vom 15. Oktober bis 15. November auftritt. (Siehe Abb. 13)

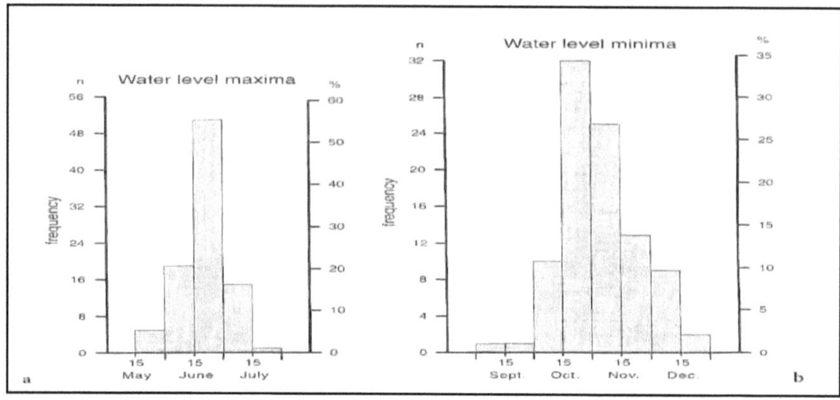

Abb. 13: Häufigkeit des Hochwassermaximums (a) und Minimums (b) im Rio Negro bei Manaus von 1902 - 1994 in Bezug zur Jahreszeit (aus: JUNK 1992: 33)

Das Niedrigwasser ist demnach nicht so genau vorhersagbar wie das Hochwasser. Genauso verhält es sich, wenn man die absoluten Wasserstandswerte betrachtet. Die Wahrscheinlichkeit, dass das Hochwasser den Pegelstand 26 – 29 m erreicht, liegt bei 88%. Die Wahrscheinlichkeit, dass das Niedrigwasser sich bei 16 – 19 m einpendelt, liegt hingegen lediglich bei 64%. (vgl. Abb. 14) Auch Abb. 15 gibt ein ähnliches Bild wieder. Die Schwankungen des Niedrigwassers von Jahr zu Jahr sind bedeutend größer als die Schwankungen des Hochwassers. Dies liegt zum einen daran, dass die Variabilität der Niederschläge zwischen Winter und Sommer größer ist, als diejenige zwischen Sommer und Winter und zum anderen die großen Überschwemmungsgebiete riesige Mengen Wasser zwischenspeichern können.

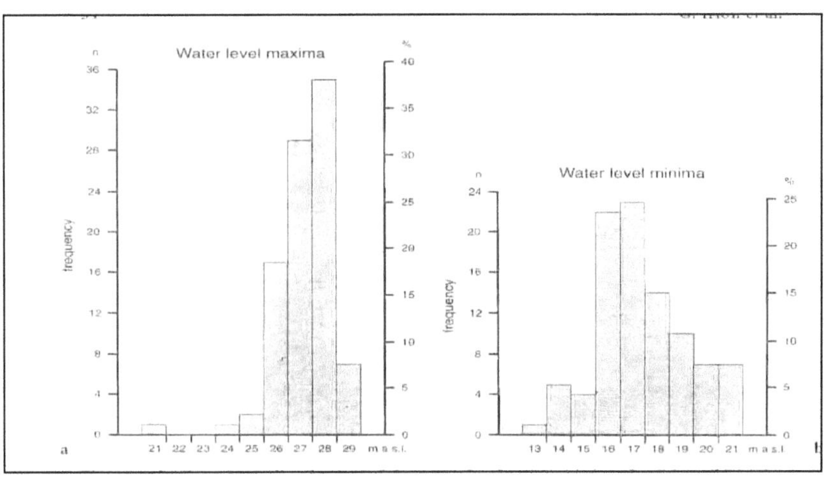

Abb. 14: Häufigkeit der Hochwasserspitzen (a) und Niedrigwasserminima (b) im Rio Negro
bei Manaus von 1902 – 1994 in Bezug zum absoluten Wasserstand
(aus: JUNK 1992: 34)

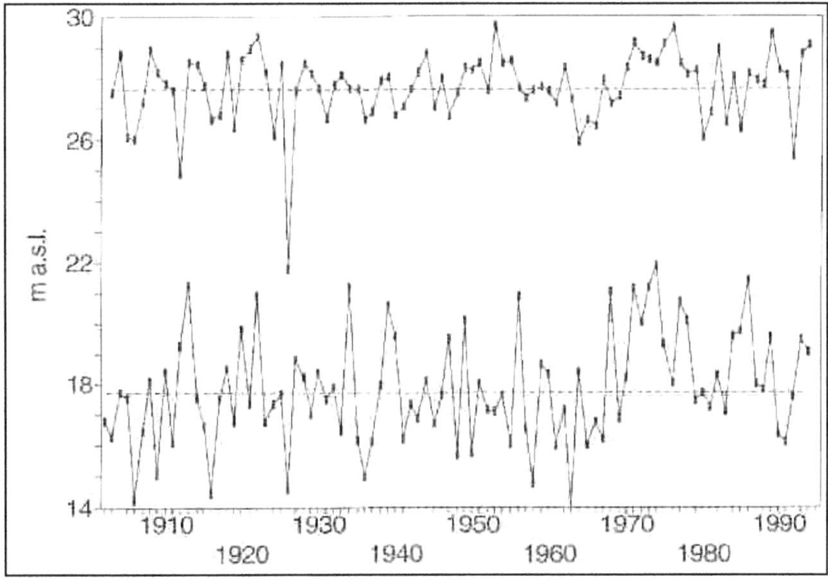

Abb. 15: Jährliche maximale und minimale Wasserstände des Rio Negro bei Manaus
(aus: JUNK 1992: 32)

Die vorliegenden Daten zeigen, dass auch extreme Wasserstände über mehrere Jahre hinweg vorkommen können. Von 1963 bis 1965 blieb das Hochwasserlevel unter 27 m, wohingegen es in den Jahren von 1970 bis 1979 über die 28 m Marke stieg. Von 1935 bis 1937 und von 1965 bis 1967 erreichte der Niedrigwasserpegel einen Wert von weniger als 17 m, während er zwischen 1971 und 1974 nicht unter die 20 m Marke fiel. Diese Werte verdeutlichen die großen Schwankungen. Hält man sich vor Augen, wie breit und flach die Talungen sind, so kann man sich die großen Unterschiede der überfluteten und nicht überfluteten Gebiete von Jahr zu Jahr vorstellen.

6 Zusammenfassung

Die globale Klimaentwicklung während der Glazialzeiten sowie die Einwirkungen auf die meteorologischen Prozesse durch das im Westen während des Tertiärs neu entstandene Hochgebirge der Anden haben dem Drainagesystem des Amazonas seine heutigen Konturen gegeben. Das großflächige Tiefland entwässert ein Gebiet von 7,9 Mio. km² und weist ein äußerst geringes Längsgefälle auf, wodurch bei Hochwasser riesige Überschwemmungsflächen entstehen. Das zum Atlantik hin offene Tiefland ermöglicht den vorherrschenden Passatwinden, große Mengen an Feuchtigkeit bis zur Ostabdachung der Anden zu transportieren und somit fast gesamt Amazonien mit hohen Niederschlägen zu versorgen. Die diverse Luftdruckverteilung der Jahreszeiten sorgt jedoch für weder räumliche noch zeitliche gleichmäßige Regenmengenverteilung, wodurch auch der Abflussgang des Amazonas große Schwankungen aufweist. Die ausgeprägte Rhythmik des Flutgeschehens ist demnach mit der jahreszeitlichen Niederschlagsperiodizität zu begründen. Konvektive Niederschläge in Form von „Clustern" und „Easterly waves" sorgen für eine starke Inhomogenität der Niederschläge in Raum und Zeit. Auch ENSO Ereignisse verändern deutlich den Niederschlag und Abfluss. Neben den klimatischen Faktoren haben noch etliche andere Aspekte Einfluss auf den gegenwärtigen Abflussgang. Diese starken Schwankungen im Abflussgang spiegeln sich in der Wasserführung, der Höhe des Wasserstandes, und der Flussbreite wieder. Explizit an Manaus wurde die Verzögerung des maximalen Hochwassers nach der maximalen Niederschlagstätigkeit verdeutlicht sowie die Unregelmäßigkeiten der Pegelstände bezüglich Zeit und Ausmaß.

6.1   Ausblick

Inwieweit sich geplante anthropogene Eingriffe in das komplexe System Amazoniens auswirken können, bleibt abzuwarten. Die Forschung in diesem Bereich steckt auf Grund der Unzugänglichkeit und der mangelnden Infrastruktur sowie der hochkomplexen Zusammenhänge von vielfältigen Faktoren noch in den Anfängen. Man vermutet jedoch, sollten die großen Entwaldungen Amazoniens fortgesetzt werden, wird dies unweigerlich etliche Folgen haben. Eine unausbleibliche Verminderung des regional rezyklierten Regenwassers wird eine Klimaänderung in Richtung auf eine geringere jährliche Gesamtregenmenge und auf größere Jahreszeitlichkeit der Regen, das heißt, auf längere und schärfere Trockenzeiten verursachen. Zusammen mit der Wirkung großer Mengen in die Flüsse gespülten Bodenmaterials als Folge der gesteigerten Bodenerosion wird sich das Regime der Flüsse ändern, und womöglich wird sich die Entfernung der Biomasse auf den CO_2-Gehalt der Erdatmosphäre auswirken.

----

7   Literaturverzeichnis

ARAUJO LIMA et al. (1998): Water as a major ressource of the Amazon. In: DE LOURDES DAVIES DE FREITAS, M. (1998): Amazonia, heaven of a new world. Rio de Janeiro, Campus

BALDENHOFER, K (2003): Das Enso Phänomen. Abrufbar unter:
http://www.enso.info/globaus.html, 10.07.2004

DE ANGELIS, C.F, G.R MCGREGOR u. C. KIDD (2003): A 3 year climatology of rainfall characteristics over tropical and subtropical South America based on tropical rainfall measuring mission precipitation radar data. In: International Journal of Climatology 24, 385-399

DE LOURDES DAVIES DE FREITAS, M. (1998): Amazonia, heaven of a new world. Rio de Janeiro, Campus

DIERKE Weltatlas (1996[4]). Braunschweig, Westermann Schulbuchverlag

GRABERT, H. (1991): Der Amazonas. Berlin, Springer-Verlag

JUNK, W.J. (1998): Amazonische Überschwemmungsgebiete. In: HARTMANN, J. (1989): Amazonien im Umbruch. Berlin, Reimer-Verlag

JUNK, W. J. (1992): The central Amazon Floodplain. Berlin, Springer-Verlag

JUNK, W. J. (1993): Wetlands of tropical South America. In: Whigham, D.F. et al.: Wetlands of the world, S.680. The Hague, Kluwer.

O` REILLY STERNBERG, H. (1975): The Amazon River of Brazil. Wiesbaden, Franz Steiner Verlag

O.V. : Klimadiagramme weltweit. Abrufbar unter:
http://www.klimadiagramme.de/Samerika/iquitos.html, 09.07.2004

PROJETO RADAM (1978): Ausschnitt aus Carta planimetrica Novo Airão, Folha SA-20-ZB

ROLLENBECK, R. (2002): Wasser- und Energiehaushalt eines neotropischen Tieflandregenwaldes. Mannheim, Mannheimer Geographische Arbeiten

SALATI, E. (1987): The forest and the hydrological cycle. In: Dickinson, R. (Hrsg.): The geophysiology of Amazonia – Vegetation and climate interactions

SALATI, E u. A. AUGUSTO DOS SANTOS (1998): The Amazon and global issues. In: DE LOURDES DAVIES DE FREITAS, M. (1998): Amazonia, heaven of a new world. Rio de Janeiro, Campus

SIOLI, H. (1983): Amazonien, Grundlagen der Ökologie des größten tropischen Waldlandes. Stuttgart, Wiss. Verlagsgesellschaft mbH.